Francis LACHAISE

Les enfants dys… et leurs troubles

Propos introductifs à l'usage

des pédagogues et des parents

Ce qui est à remarquer dans l'acte pédagogique quotidien, c'est le problème des élèves en difficultés dues à des troubles divers et variés. Il existe des enfants dont la dyslexie est diagnostiquée, non diagnostiquée ou présumée diagnostiquée. Cela accroît les difficultés chez l'équipe enseignante, souvent réfractaire, car cela concerne des élèves remuants et indisciplinés pour la plupart. La plainte d'une seule famille concernant la non-observation de la loi sur le handicap de 2005 suffit à créer l'affolement général parmi l'équipe. Les auxiliaires de vie scolaire (AVS) peuvent être un pis-aller, voire une véritable aide à la remotivation de l'élève lorsque celui-ci a reçu une notification d'accompagnement de la MDPH (Maison Départementale des Personnes Handicapées) à l'issue d'une commission qui aura étudié un dossier monté par toutes les parties prenantes.

Les symptômes sont nombreux : des difficultés de compréhension aux devoirs non faits, en passant par des interventions intempestives. L'attention n'est pas soutenue chez ces enfants, ce qui entraîne des défauts dans l'acquisition des savoirs et des compétences et engendre chez eux un sentiment d'abandon et de graves problèmes d'intégration. L'exclusion est souvent présente de la part de leurs pairs et l'absentéisme, le retrait, la colère, la tricherie, la feuille blanche rendue à un devoir, l'absence de réponse sont les manifestations de ce mal-être découlant de l'incompréhension des attendus. Le refus de toute participation active en cours en est l'extrême limite.

Cette situation plonge l'élève dans la frustration, la colère, alors qu'il est victime d'un problème d'adressage de la mémoire à la définition du mot. Seulement, dans la difficulté scolaire, il faut intégrer les élèves, les parents et les enseignants. On ne peut se contenter de constater un problème de compréhension, de mémoire, de restitution, d'appren-tissage, d'écoute ou d'attention. L'apprentissage est véritablement un effort, l'élève n'y trouve rien de ludique. Si le rythme biologique de l'élève n'est pas respecté, tout ce qui précède accentue ses troubles spécifiques des apprentissages et sa fatigabilité au cours de la journée.

Les enseignants, souvent d'anciens bons élèves dans leur discipline, se demandent ce qui fait obstacle, ce qui bloque, et restent perplexes, impuissants. Peu se posent la question s'ils sont adaptables à l'élève. Ces troubles restent un objet de discussion en salle des professeurs et d'incompréhension face à des parents inquiets pour l'avenir de leur enfant.

La loi du 11 février 2005 souligne la nécessaire prise en charge de tous les élèves en situation de handicap. L'enseignant est invité à accueillir tout élève, quel que soit le problème dont il souffre. Il est alors conseillé de se libérer du pathos, surtout s'il s'agit d'un jeune avec une espérance de vie courte en raison de sa maladie. Un véritable sentiment d'impuissance s'empare alors de l'enseignant. Mais il lui est difficile d'avouer cette impuissance qui pourrait passer pour de l'incompétence aux yeux de ses collègues, de sa hiérarchie, des parents d'élèves. Au fur et à mesure, le professeur se place nécessairement en position d'apprentissage, il essaie de rendre service à l'élève, sans négliger de l'écouter dans sa lutte contre ses difficultés.

Hors des parents, point de Salut ! Il n'est rien à entreprendre sans les parents. Il est impératif de les informer et d'être très prudent en leur annonçant d'éventuels problèmes de dyslexie. Certes, cette information est là pour que l'enfant bénéficie d'aménagements, parce que l'on a bien compris que l'absence de réponse de sa part n'est pas le refus du savoir, mais l'incapacité notoire à le construire et à le retenir. Les parents ne peuvent admettre facilement, et cela se conçoit, qu'un inconnu lui assène une vérité aussi cruelle concernant son enfant. Celui-ci ne serait pas comme les autres et n'aurait pas sa place dans la structure où il se trouve. Les parents seraient eux aussi mis au ban de la société, responsables de ce qui arrive à leur progéniture. Aux prises avec cette culpabilité des plus humiliantes, ils font leur possible ou baissent définitivement les bras.

Il ne faut pas oublier que le calvaire vécu à l'école se poursuit parfois à la maison, avec des parents qui s'acharnent à faire apprendre leurs leçons à leurs enfants, affirmant que ceux-ci savaient parfaitement tout la veille de l'interrogation, remettant ainsi en cause la bonne foi de l'enseignant. Pour se donner bonne conscience, mais ils ne sont pas à blâmer, les vacances s'accompagneront d'un travail régulier par l'intermédiaire d'un cahier de vacances. Leur enfant doit réussir comme les autres, coûte que coûte. Il n'est pas question qu'on leur fasse le reproche de n'avoir rien tenté pour lui, même si la relation à leur enfant pâtit de cet acharnement.

Lorsqu'un diagnostic est posé par un professionnel, à savoir que l'élève ne faisait pas exprès de ne pas répondre ou d'adopter une attitude répréhensible, les parents sont soulagés, car ils savent désormais d'où viennent les difficultés. Même si pour autant le problème n'est pas résolu. Mais les personnels de l'enseignement ne doivent jamais tenter de régler seuls ce problème et les parents ne devraient jamais rester seuls non plus pour chercher et donner des solutions. Car la difficulté est à l'intersection du médical et de tout ce que la culture sociétale peut comporter d'interrogations et de jugements péremptoires. Chez le dyslexique, l'aire visuelle de reconnaissance des mots ne s'active pas, en raison d'un manque de nourrissage de cellules pendant la formation du cerveau. Les cellules sont bien là, mais inactives. Autant dire que l'élève devra vivre toute sa vie avec son problème. Mais il se sentira mieux s'il parvient à se débrouiller pour surmonter, dépasser cette difficulté. Là est notre rôle.

On ne peut donc au mieux qu'accepter la nécessité d'adapter la pédagogie pour répondre de la meilleure façon à ces troubles de la migration neuronale. Différentes formes de difficultés apparaissent : la dyslexie, la dysphasie, la dysorthographie, la dyspraxie (trouble de la coordination visible autrefois lors des trois jours à l'armée pour les jeunes garçons qui ne parvenaient pas à marcher au pas comme on le leur demandait). On trouve les troubles de la mnésie et de l'attention, avec ou sans hyperactivité. En plein cours, l'oiseau qui chante par la fenêtre ou le train qui passe au loin retiendra l'attention de l'élève car le cerveau ne fait pas le tri. Il n'a pas d'inhibition des stimuli inutiles.

On sait bien que dans des cas extrêmes, notre mémoire associera pour longtemps un événement à l'activité que nous faisions à ce moment précis : combien parmi nous sont incapables de dire précisément ce qu'ils faisaient lorsqu'ils ont appris l'attentat des *Tween Towers* aux États-Unis le 11 septembre 2001 ? Peu, assurément. Mais d'autres événements restent dans l'oubli parce qu'ils n'ont pas ce caractère si singulier. Parfois, il est évident qu'un élément extérieur à la pédagogie sera une aide à la mémorisation. Si le professeur à mimé telle ou telle action et que l'hilarité a parasité toute la classe un court instant, il y a fort à parier que ce qu'il souhaitait faire comprendre l'aura été.

À ces troubles s'ajoutent ceux des fonctions logico-mathématiques, la dyscalculie. Il faut savoir que l'ensemble de ces difficultés touchent de 4 à 6 % d'une classe d'âge, dont un nombre plus élevé de garçons que de filles. On trouve parfois une récurrence dans une même famille, une origine génétique n'étant pas à exclure. De 1 à 2 % des cas dénotent des troubles sévères. Il est à souligner que cela est sans aucun lien avec le milieu social. Ce n'est pas réservé à un milieu défavorisé particulier. Tous les milieux sociaux ont leurs dys. Encore heureux qu'un tel déterminisme n'existe pas ! Ce qui dédramatise en quelque sorte le jugement qui peut être porté à tort.

Pour établir le diagnostic, des professionnels entrent en jeu : l'orthophoniste et l'ergothérapeute. Mais cela demande du temps. Il faut mesurer bien des critères d'inclusion et d'exclusion, vérifier la durabilité du trouble et sa gravité neurologique, étalonner l'immaturité par des tests faits à deux ans d'écart, rechercher les causes psychologiques du mal-être, l'impact de l'environnement et déceler le cas échéant une éventuelle déficience intellectuelle.

Comme l'apprentissage de la lecture commence en CP, on peut commencer à diagnostiquer fin CE1. Même si le bon diagnostic est posé, l'information a tendance à se perdre au collège, étant donné les nombreux changements auxquels le jeune doit faire face. Les élèves dys frôlent alors le *burn out* en permanence, le stress devient intense, parce que l'encadrement se fait moins présent qu'à l'école primaire. Les professeurs de collège exigent que les élèves soient attentifs à beaucoup de choses en même temps, mais ceux-ci perdent du temps précieux pour avancer au même rythme que les autres.

Afin de pallier le problème d'automatisation des apprentissages, le jeune élève construit des stratégies de contournement. C'est souvent un artiste en herbe. Les conséquences pour lui sont immenses : cela lui occasionne une double tâche en permanence. Il a besoin de plus de temps. Le sentiment d'échec s'ancre en lui : « *J'essaie, mais je suis le seul à savoir que j'ai un problème.* » Le sentiment d'injustice s'accroît : le handicap se heurte à un refus social, quel qu'il soit. L'adulte ne conçoit pas que l'élève ne comprenne pas. Les autres se demandent pourquoi on lui laisse plus de temps. Cette injustice vis-à-vis des autres nécessite un temps précieux où il faut expliquer à ses pairs le problème dont il souffre.

Naturellement, il faut passer par l'explication de ce qu'est le problème dys et préciser quels essais on va faire pour accompagner l'élève. Pourquoi ne pas généraliser ces aménagements à toute la classe ? Il faut gérer en plus les déplacements pour faire de la remédiation, prendre en compte l'hétérogénéité de la classe.

Le jeune en arrive à un sentiment d'infériorité qui entretient les troubles de la personnalité. Il répond du tac au tac « *Ouaih, mais ça va* », et refuse l'aide précieuse qu'on lui offre. Son état dépressif n'est pas toujours détecté, les conflits avec sa famille ignorés, les blocages perçus comme un simple refus de travailler, le manque de motivation et la fuite dans une attitude désordonnée analysés comme de la fainéantise, du *je-m'en-foutisme*. Ceci est peu rassurant pour l'adulte, l'enseignant, désarmé face à ces difficultés persistantes.

Seul un repérage précoce est salvateur, reposant sur un diagnostic précis en PMU, par le médecin scolaire, l'orthophoniste. La rééducation spécialisée et ciblée doit alors s'accompagner d'une prise en charge psychologique. L'élève s'oriente vers une pédagogie différenciée, exigeante de la part de l'enseignant. Car ce dernier doit prendre en compte le trouble et ne pas l'ignorer, faciliter à l'élève l'accès au sens, sans faire à sa place les tâches qui lui reviennent. Il s'agit d'un savant dosage difficile à opérer, d'autant que chaque élève répond et réagit à sa façon. Il n'y a pas de recette universelle pour aider un élève dys, ce qui a tendance à désappointer les enseignants n'ayant pas reçu une formation suffisante en ce domaine. Ils ont l'impression d'être livrés à eux-mêmes et de se heurter aux exigences et attentes fortes des familles sans réponse à donner.

L'entrée dans la lecture se fait très tôt. L'étape logographique est un marquage pour la vie. Certaines enseignes savent mettre en évidence logos et panneaux publicitaires pour faire rentrer un message dans la tête d'un enfant qui l'identifiera rapidement et quémandera à ses parents la possibilité, par exemple, d'aller manger un hamburger et boire une boisson gazeuse...

L'étape alphabétique passe par la reconnaissance du graphème et l'association au phonème correspondant. La conséquence phonologique permet à l'élève de faire le lien immédiatement entre l'écrit et l'oral. Le sens est évident. Mais pas pour un enfant dys !

L'étape orthographique, c'est l'évocation du sens quasiment immédiat du mot. Le lexique orthographique est constitué de mots photographiés et stockés dans le cerveau dont on décode le sens immédiatement. Le mot château s'associe à l'image d'un château vue dans un livre dans la prime jeunesse. Aucun effort n'est nécessaire, sauf pour un enfant dys, dont le fonctionnement à ce niveau est paralysé pour une part.

Pour lui, la lecture par assemblage de sons ou de graphèmes et d'images mentales est déficiente. La dyslexie phonologique exigerait de privilégier la voie visuelle. Si la lecture par adressage est déficiente, c'est-à-dire si le décodage s'effectue par syllabe, la lecture n'est pas automatisée, les images des mots ne sont pas stockées et la lecture exige à chaque fois des efforts importants, entraînant une lenteur et une grande fatigabilité. L'élève se heurte à la lecture contraignante des mots nouveaux, il a du mal à décortiquer les syllabes, les phonèmes et à associer un sens à cet ensemble. L'élève est persuadé que « *Dyslexique tu es, dyslexique tu resteras.* »

Afin de ne pas le perdre dans ses apprentissages, il serait bon de prévoir un support de suivi au collège et au lycée, en repérant trois ou quatre points d'appui qui l'aident à avancer, mentionner ce qui lui fait défaut et recenser les aides mises en place. Les aides ne se ressemblent pas selon que l'on a affaire à une dyslexie, difficulté du langage écrit et oral, à une dyspraxie, trouble de la préhension ou à une dysphasie, trouble du langage parlé.

La loi du 11 février 2005 donne le droit à l'élève atteint d'un handicap à une batterie de compensations pour lutter contre les conséquences de son état. C'est alors un véritable projet de vie qui se construit pas à pas, non réduit à des dossiers types tels que PPS, projet personnel de scolarisation, etc. Des prestations de compensation peuvent être octroyées par la MDPH, comme l'accompagnement par un auxiliaire de vie scolaire, l'utilisation d'un ordinateur… L'objectif est d'accueillir les enfants en classe ordinaire et d'organiser entre les partenaires des réunions d'équipe de suivi de scolarisation pour jauger les aménagements à prévoir ou à inventer selon les problèmes du jeune, et à les réévaluer systématiquement à intervalle plus ou moins régulier.

Selon une étude de l'Université de Cambridge, l'ordre des lettres dans un mot n'a pas d'importance, la seule chose importante est que la première… Passons à un exercice concret. Relisons le texte suivant :

Sleon une édtue de l'Uvinertisé de Cmabridge, l'odrre des ltteers dans un mot n'a pas d'ipmrotncae, la suele coshe ipmrotnate est la pmeirère…

Chacun d'entre nous a réussi l'exercice sans aucune difficulté. Si nous demandons maintenant de recopier ce texte, l'on perçoit la difficulté autrement, l'attention est sollicitée à son maximum. L'enfant dys, lui, devra décoder peu à peu pour s'en sortir. Le risque de perte d'une partie du message en cours de route est important. La surcharge cognitive que cela induit crée une impression douloureuse, un effort pénible, l'envie d'arrêter. L'attention mobilisée par l'écriture le pousse à dire :

« *Je n'y arrive pas, j'arrête.* » Cela nuit en même temps à l'image que les autres ont de lui et à l'estime qu'il a de lui-même. Il trouve que cela va trop vite quand il compare le résultat de son travail à celui de la plupart de ses camarades. C'est la même chose qui arrive lorsque le professeur donne les devoirs oralement à la dernière minute, une fois la sonnerie passée. L'élève peste : « *Va-t-elle/il enfin se taire* ? » Et la conclusion souvent observée : il n'a pas noté les devoirs.

Lorsqu'il s'agit de prendre des notes, un schéma heuristique peut être intéressant car la voie d'assemblage consomme de l'énergie. Là, on va à l'essentiel, sans pour autant dénaturer le contenu. De même, pour la présentation des documents, il va de soi que l'utilisation d'une police spécifique est exigée, telle que comic sans ms, verdana, arial, antika avec un interligne 1,5 ou 2, en corps 14, le texte étant aéré. Il est important de ne mettre à disposition de l'élève qu'un type de document par tâche à accomplir. Voyons la différence :

En verdana 14 interligne 1,5, le paragraphe précédent donne la présentation suivante :

Lorsqu'il s'agit de prendre des notes, un schéma heuristique peut être intéressant car la voie d'assemblage consomme de l'énergie. Là, on va à l'essentiel, sans pour autant dénaturer le contenu. De même, pour la présentation des documents, il va de soi que l'utilisation d'une police spécifique est exigée, telle que verdana, arial avec un interligne 1,5 ou 2, en corps 14, le texte étant aéré.

En arial, corps 14 et interligne 2, voici ce qu'il devient :

Lorsqu'il s'agit de prendre des notes, un schéma heuristique peut être intéressant car la voie d'assemblage consomme de l'énergie. Là, on va à l'essentiel, sans pour autant dénaturer le contenu. De même, pour la présentation des documents, il va de soi que l'utilisation d'une police spécifique est exigée, telle que verdana, arial avec un interligne 1,5 ou 2, en corps 14, le texte étant aéré.

Si la préconisation est précise en ce qui concerne la police et le corps, il s'agit de la respecter et de donner à l'élève un document en A4 respectant ces règles. Il est totalement inutile, voire contre-productif, de lui donner des agrandissements sur une page A3. Car cela ne respecte plus les règles simples et risque de perturber l'élève. Attention, ce n'est pas un non-voyant ! Tout mathématicien même en herbe pourra vous démontrer que l'agrandissement modifie tout dans l'écrit de début.

Cela donne de l'aisance à l'élève qui mobilise moins sa vision et dépense moins d'énergie. Si les mots importants sont écrits en caractères gras ou surlignés en couleur, l'élève s'y retrouvera mieux encore. Faire écrire une ligne sur deux en 6ème présente un caractère non obligatoire mais très facilitateur pour de nombreux élèves. Dès lors, il sera important de valoriser ce que l'élève aura bien fait et non pas de s'arrêter sur ce qu'il n'a pas réussi, même si notre système scolaire et les attentes de la société incitent à procéder autrement.

Attention à ne pas confondre handicap et problèmes ayant d'autres causes que médicales. Certains élèves peuvent, pour des raisons psychologiques que nous ne maîtrisons pas, refuser de faire le travail demandé, pour se donner une contenance, faire acte de rébellion, ou au contraire faire preuve de loyauté envers leurs parents qui n'ont pas forcément de sympathie pour le système scolaire et le monde enseignant. Leurs mauvais souvenirs les suivent longtemps et ils n'en démordent pas. Selon le discours entendu à la maison, certains élèves ne parviendront jamais à adhérer à notre projet pédagogique. Il sera vain de vouloir mobiliser leurs compétences. Mais l'aide d'un professionnel sera toujours utile pour s'en assurer, au travers d'un diagnostic scientifique indiscutable.

La dyspraxie, que traitera un ergothérapeute pour permettre au jeune de planifier et effectuer des gestes précis, est dépistable en maternelle. On se désespère parfois que le jeune enfant apprenne à faire du vélo plus tardivement que les autres. Il aura moins d'assurance et sera de fait évincé des jeux collectifs qui exigent que l'effort de chacun profite à tous. Si l'un des enfants est habitué à ne pas effectuer correctement les gestes et fait perdre son équipe, on aura tendance à le laisser sur le banc de touche ou à le choisir en dernier comme équipier, sans se douter du malaise qu'on crée chez lui, qui ressent cela comme une injustice et comme un désaveu formel de la maîtrise de toute capacité. De même, les soucis autour du coloriage, de l'empilage de cubes, sont révélateurs d'une situation complexe pour l'enfant. Parfois, l'exécution du geste graphique est impossible. La cause en est souvent une dysorthographie et la nécessité de l'utilisation d'un ordinateur si la graphie est si pénible. La dyspraxie visuo-spatiale révèle un problème du regard et des saccades oculaires non automatiques. L'élève écrit alors sans faire attention aux césures de fin de ligne, il continue à écrite vers le haut ou vers le bas, tout en s'imposant un effort qui accentue sa fatigabilité. Ce détail devrait alerter immédiatement un professionnel de l'éducation. La punition avec dans la marge « *sale* » ne convient nullement à ce type de difficulté, comme il a été trop longtemps le cas au siècle dernier. Un vrai calvaire pour certains.

La dysphasie est une panne primaire de la parole. Or, la communication par la parole est fondamentale pour vivre en société. Et ceux qui ne peuvent produire qu'une bouillie informe de mots sont montrés du doigt. Car les enfants sont cruels entre eux. La différence choque et les mots utilisés pour la poser comme réalité ne sont pas forcément les plus adéquats. Aussi, l'enfant victime de la moquerie des autres s'enfonce-t-il dans une zone de turpitudes où ses parents interviennent parfois pour lui venir en aide. Mais souvent, cela ne fait qu'empirer les choses, car l'enfant s'aperçoit ainsi que ses propres parents reconnaissent la réalité de ses problèmes. Il se sent disqualifié, alors que les parents sont dans le même état d'esprit et essaient de se sortir du cauchemar quotidien que vit la famille. Car la souffrance est omniprésente.

Le parcours scolaire de l'enfant atteint d'un handicap dys est un vrai parcours du combattant, souvent par notre faute, à nous professionnels de l'éducation et de la pédagogie, parce que nous ne comprenons pas ou ne pouvons pas comprendre quelles sont ses difficultés. L'effet domino est observé chez les dys : tout tombe au fur et à mesure qu'ils se rendent compte qu'ils ne sont pas en capacité de résoudre telle tâche ou d'accomplir tel geste. Le professeur prendra un soin extrême à rédiger l'appréciation de bas de bulletin en fin de trimestre, afin que celle-ci ne souligne pas uniquement le handicap de l'élève. Écrire à un dyslexique « *Manque de motivation, trop souvent distrait, manque d'attention* » relève du coup de force de quelqu'un qui ne veut pas comprendre. C'est effectivement le problème de l'élève. Cela reviendrait à quelque chose près au même que de dire à un cul-de-jatte qu'il ne fait aucun effort pour courir un cent mètres. L'ineptie totale et brutale !

De la bienveillance s'impose dans la correction des copies ou des travaux des élèves dys. Le professeur devrait s'interdire, parce que cela est nécessaire pour l'estime que l'élève aura de lui-même, de souligner que c'est « *mal écrit* », qu'il y a « *trop de fautes* », qu'il « *manque de repère chronologique* », que l'ensemble reflète un « *manque évident de travail.* » L'orthographe étant un problème quasi insurmontable, il est inutile de s'emparer d'un barème à la « *faute.* » En outre, le mot faute colporte la connotation d'un jugement moral que l'élève comprend très bien. Il sait qu'on lui reproche d'avoir « *mal fait* » ce qu'on lui avait demandé. Si un professeur part du postulat que l'élève *normal* doit réussir sa dictée sans faute, il va sanctionner toute erreur en soustrayant à la note maximale (20/20) autant de points. Beaucoup d'élèves se retrouvent avec 0/20. C'est déjà assez blessant que de recevoir cette note qui fait honte et déstabilise. Si le professeur pousse le bouchon plus loin en inscrivant : - 36/20 (cela n'est pas une élucubration personnelle, mais une grave réalité rencontrée il n'y a pas si longtemps), alors l'élève se sentira humilié, croira à juste titre qu'il est « *irrécupérable*. » À quoi bon lui donner cette indication ? Pourquoi ne pas simplement lui dire qu'il a 0/20 ou adapter le barème pour qu'il puisse voir sa progression au fur et à mesure. Car c'est le progrès qui doit être mesuré. Et chacun part d'un niveau différent. Un élève qui passe de -36/20 à -20/20 aura-t-il démérité par rapport à un élève qui passe de 17/20 à 18/20 ? C'est juste le statut du rapport à l'erreur qui doit être revu de fond en comble. Car l'erreur est une source de progrès. Et se figurer qu'un élève *normal* est au niveau 20/20, cela revient à se mettre le doigt dans l'œil. Il suffit de prendre connaissance des travaux d'André Antibi sur la « *constante macabre* » pour s'en persuader. La notation et l'évaluation reposent avant tout sur l'estime que le professeur a de lui-même. Elle peut s'exprimer par des notes très brillantes : un élève ayant un professeur brillant ne peut qu'avoir de bonnes notes, car il a bénéficié d'un excellent enseignement. Ou alors par des notes catastrophiques : un élève ayant un professeur si brillant ne peut être à la hauteur, il a encore bien du chemin à parcourir. Ces deux extrêmes se rencontrent en conseil de classe et laissent les membres indifférents, si ce n'est qu'une évaluation sévère à outrance peut entraver durablement la suite de la scolarité de nombreux élèves.

L'ensemble de ces « *pathologies* » recouvrent des problèmes de lecture et d'écriture. Les élèves apprennent les règles mais ne les appliquent pas, ils affichent une lenteur d'exécution des tâches, même les plus simples, passent beaucoup de temps pour les devoirs, ont besoin de deux heures le matin pour se préparer, ce qui rend leurs journées quasi soutenables. À peine s'ils ont quelques minutes pour se détendre et s'amuser comme des enfants de leur âge.

Face à leurs propres difficultés, et pour détourner l'attention des autres, ils adoptent une attitude qui leur sert d'échappatoire : ils rient pour un rien, se comportent en trublions, font des blagues, sollicitent l'attention des professeurs par la somatisation (demande de rencontre avec l'infirmière) ou en faisant tomber leurs affaires à tout instant, occasionnant du chahut dans la classe. Ils souffrent d'une lacune de l'estime de soi dès le CP-CE1, car leur lecture est difficile, leur écriture aussi, leur production orale est incertaine, leur mémoire troublée, ils ont des troubles de l'attention, voire des troubles psychologiques associés, et une attitude organisationnelle déficiente.

L'acte d'écrire, c'est anticiper, mobiliser des souvenirs, réfléchir à la phrase, l'encoder et l'écrire sur la feuille. Les enfants dys laissent des traces fébriles, car s'ils se trompent, ils pourront effacer. La mémoire de travail limite l'accès à la tâche, mais la mémoire événementielle est importante. Pour cela, il faut créer l'événement. Qu'un événement accompagne un acte pédagogique pour que l'enfant se souvienne mieux ! L'habillement du professeur ou ses boucles d'oreilles sont un maillon permettant à l'élève de se souvenir : « *Quand nous avons vu cela, vous aviez telles boucles d'oreilles.* » Un tel détail, aussi anodin soit-il, permet un retour facile à l'information. Il s'agit pour le pédagogue de trouver une méthode de mémorisation pour accompagner l'élève. Il doit comprendre comment l'enfant pense, s'il a besoin d'étayer sa mémoire par des anecdotes ou des vidéos. Créons donc les adaptations les plus favorables pour les élèves. N'hésitons pas à optimiser ce que l'on propose d'apprendre en soulignant l'essentiel et en créant du lien avec les autres disciplines. La transdisciplinarité est importante comme le travail en commun avec les collègues au long de l'année scolaire.

Tout est prétexte à la perte d'attention, à la distraction : la voix du professeur, un oiseau qui siffle, une feuille qui tombe. L'élève perçoit tous ces événements sur un même niveau et il est sollicité de la même manière par chacun d'eux.

Afin d'éviter un repli sur soi, il est de bon aloi de faire renouer l'élève avec l'estime de soi, la vision de soi, l'acceptation de soi, la confiance en soi, l'amour de soi. Il est impératif de ne pas pénaliser outre mesure les oublis, sinon on renforce le manque de confiance en soi. Surtout, il faut rendre accessible à l'élève notre propos ou le document qui lui est proposé. Si les étayages permettent d'améliorer les résultats, soyons attentifs si l'élève ne se reconnaît plus. Habitué à être mauvais, l'élève n'accepte pas si facilement que cela son accession soudaine au statut de bon élève. Tout signe de dépression doit être analysé : un retrait, un changement, un sommeil perturbé, un affaissement sur la table dès le matin, une perturbation au niveau de l'appétit, peuvent être révélateurs d'un dysfonctionnement psychologique important. Les enseignants lui proposeront une écoute, en toute neutralité, et lui diront qu'ils vont l'orienter vers quelqu'un qui sera apte à l'aider plus efficacement.

Toute situation anxiogène crée un mal-être. Pour ces élèves, le professeur s'acharnera à juguler les angoisses en travaillant de façon constante, en ritualisant les cours, en ayant des exigences simples et courtes, en énonçant clairement l'objectif, en ne rendant pas les copies dans un ordre pouvant stigmatiser les plus en difficultés. Quand il y a plusieurs élèves dys dans une classe, la meilleure chose peut être de construire les règles ensemble avec des repères clairement affichés. Car on ne peut ignorer que les élèves proposeront des choses auxquelles les adultes n'auront pas pensé et qui seront bénéfiques pour tout le monde. Dans sa façon d'être au cours, le professeur pourra s'autoriser une blague, une anecdote pour imager son propos, sans que cela devienne une distraction inutile.

Les travaux de groupes sont souvent l'occasion où l'on doit recadrer, après avoir repéré des interactions négatives du groupe classe. De même que tolérer les débordements mineurs n'est pas insurmontable pour quelque professeur que ce soit. N'est pas crime de lèse-majesté une quelconque entorse au règlement. Un peu de finesse dans l'appréciation est l'apanage des bons enseignants qui savent se faire respecter autrement que par la répression et la punition. Certains élèves ont du mal à rester assis une heure durant. Il ne sert à rien de stigmatiser à outrance l'un d'entre eux. Utiliser ces élèves qui ont la bougeotte pour aller chercher les livres, distribuer les documents, leur rend un service bien plus grand.

La société dans laquelle nous vivons et le système scolaire tel qu'il est conçu sont fondés sur la comparaison et la sélection. Tout ce qu'il ne faut pas encourager chez l'élève dys. Il n'a pas besoin de se comparer aux autres. Ce serait une grave erreur que de lui répéter à longueur de temps que son frère ou sa sœur avait de bien meilleurs résultats et que c'est décevant de sa part. De même que toute allusion à la fratrie en début d'année lorsqu'un nom revient dans les listes de classes relève à proprement parler du harcèlement, car l'élève n'est en rien responsable des faits et gestes passés de ses frères ou sœurs. Un *a priori* négatif risque de s'imposer dans la relation que le professeur entretiendra avec l'élève. L'effet Pygmalion n'est pas loin d'être démontré chaque année.

L'aide que l'on peut apporter aux élèves repose avant tout sur des personnels humains : un auxiliaire de vie scolaire ou un enseignant. L'AVS est un adulte à part entière et possède une autorité dans la classe lorsqu'il y a une transgression des règles, il est coéducateur et doit assumer son rôle d'adulte cadrant. Il n'y a aucun temps institutionnalisé pour la discussion avec l'AVS. Les parents n'ont pas à missionner l'AVS, car la protection des personnels est une règle fondamentale. Les enseignants font l'intermédiaire entre la famille et l'AVS.

L'enseignant visera à fractionner la tâche à accomplir, par exemple la rédaction d'un conte, sans pour autant dénaturer l'objectif final. Placer trop d'implicite dans les questions risque de bloquer l'élève. Il est important de le pousser à aller vers la culture du livre en même temps. Une dictée peut être proposée par groupes de deux élèves de même niveau. La couleur de la correction est au choix, mais le vert est moins agressif que le rouge. D'ailleurs, dans toute communication écrite, le rouge est à proscrire. Les moyens mnémotechniques sont également une ressource inépuisable. Vérifier que la trace écrite est fiable est un gage de réussite au contrôle qui suivra.

Il ne s'agit en aucun cas de baisser le niveau d'exigence, mais d'enseigner autrement. L'outil informatique se révèle d'un grand secours. Les logiciels *VosOofox* (open office) ou *Balabolka* permettent une synthèse vocale et de lire leur production afin de l'améliorer. *Foxitreader* lit les documents en pdf. *Audacity* permet de s'enregistrer et de s'écouter pour dénicher les imperfections.

L'enseignant veillera à faciliter les tâches d'accès au sens en intégrant du concret, en simplifiant la consigne, en détaillant les travaux, en utilisant des pictogrammes. L'utilisation de QCM (Questionnaire à Choix Multiple) est recommandée pour vérifier la compréhension d'un texte. Le QCM est une tâche simple et permet de contrôler plus facilement la compréhension qu'une question qui demande une rédaction lourde et difficile pour l'élève dys. En langue étrangère, un QCM rédigé en français est facilitant également. La barrière de la langue n'existe plus si l'élève a le choix entre des items en français. Car des items en langue étrangère lui posent le même problème que la compréhension du texte lui-même. C'est un acte pédagogique voué à l'échec. Fractionner les consignes et étayer les questions intermédiaires, décomposer la tâche à réaliser, tout cela permet à l'élève de progresser à son rythme.

L'allègement des tâches d'écriture est primordial. Des documents préremplis, l'utilisation de caches, une mission d'aide en secrétariat par l'AVS, une dictée fautive ou à trous, l'exigence de réponses courtes, tout cela remet l'élève en confiance.

Pour la mémorisation, la multiplication des entrées s'impose : entrées kinesthésiques, schémas heuristiques, anamorphoses. Il faut en même temps dédramatiser le fait de ne pas savoir. En fait, l'enseignant demande peu, mais exige beaucoup à la fois. Il précise ce qui est incontournable et est intransigeant à ce niveau. Voilà qui devrait soutenir l'effort de l'élève dys.

Voici un test de stimulation du cerveau. Les deux tests présentés ci-dessous ont un intérêt majeur pour comprendre ce que vit au quotidien un élève dys, contraint de décoder l'ensemble de ce qu'on lui propose en déployant une énergie considérable. L'on découvre aussi les mystères du cerveau humain :

Auucn porbelme, et vuos ?

Lecture = lcetrue

Cuocuo,

Si vuos pvueoz lrie ccei, vuos aevz asusi nu dôrle de cvreeau. Puveoz-vuos lrie ccei ? Seleuemnt 56 porsnenes sur cent en snot cpalabes. Je n'en cyoaris pas mes yuex que je sios cabaple de cdrpormendre ce que je liasis. Le povuoir phoémanénl du crveeau huamin. Soeln une rcheerche fiate à l'Unievristé de Cmabridge, il n'y a pas d'iromtpance sur l'odrre dans luqeel les lerttes snot, la suele cohse imotprante est que la priremère et la derènire letrte du mot sieont à la bnone palce. La raoisn est que le ceverau hmauin ne lit pas les mtos par letrte mias ptuôlt cmmome un tuot. Étonannt, n'est-ce pas ? Et moi qui ai tujoours psneé que svaoir élpeer éatit ipomratnt !

Combien ont réussi à lire ce paragraphe ? Voilà de quoi stimuler votre cerveau avant de commencer une nouvelle semaine. Si vous arrivez à lire ceci, vous avez l'hémisphère gauche bien développé et vous êtes intelligent(e). Si vous parvenez à lire les premiers mots du texte suivant, le cerveau déchiffrera insctinctivement les autres. Voyez par vous-même !

UN B34U JOUR D'373,

J'37415 5UR L4 PL4G3 37 R3G4RD415 D3UX J3UN35 F1LL35 JOU4N7 D4N5 L3 54BL3. 3LL35 CON57RU15413N7 UN CH4734U D3 54BL3, 4V3C 7OUR5, P4554G35 C4CH35 37 PON7-L3V15. 4LOR5 QU'3LL35 73RM1N413N7, UN3 V4GU3 357 4RRIV33 37 A 7OU7 D37RUI7, R3DU154N7 L3 CH4734U

3N UN 745 D3 54BL3 37 D'3CUM3. J'41 CRU QU'4PR35 74N7 D'3FFOR7, L35 F1LL37735 COM3NC3R413N7 A PL3UR3R, M415 4U CON7R41R3 3LL35 COURRUR3N7 5UR L4 PL4G3, R14N7 37 JOU4N7 37 COMM3NC3REN7 4 CON57RU1R3 UN 4U7R3 CH4734U. J'41 COMPR15 QU3 J3 V3N415 D'4PPR3NDR3 UN3 GR4ND3 L3CON. NOUS P455ON5 UN3 GR4ND3 P4RT13 D3 NO7R3 V13 4 CON57RU1R3 D35 CHO535 M415 LOR5QU3 PLU5 T4RD UN3 V4GU3 L35 D3MOL17, L35 53UL35 CHO535 QU1 R3573N7 5ON7 L'4M1T13 , L'4MOUR 37 L'4FF3C71ON 37 L35 M41N5 D35 G3N5 C4P4BL35 D3 NOU5 F41R3 5OUR1R3.

Pour la majorité des gens, cet exercice ne pose aucun problème, le cerveau parvient à décoder le message, même s'il lui faut un peu plus de temps. Voilà ce qu'un élève dys vit du matin au soir, il a sous les yeux du chinois qu'il est contraint de décrypter sans parvenir toutefois à en extraire tout le sens. Et l'énergie qu'il y consacre l'empêche de faire autre chose ou le ralentit considérablement. Vous ne regarderez plus jamais un dyslexique de la même façon après cet exercice.

Avant toute rééducation de l'élève suspecté d'être atteint de dys, il convient de vérifier sa vue et son audition. Une aide est efficace si l'on s'y prend de bonne heure. Après la 6ème et à l'adolescence, les choses se complexifient du fait de la psychologie évolutive du jeune. Celui-ci ne sera peut-être pas prêt à exercer n'importe quel métier, mais s'il lui faut faire montre d'originalité, il aura toutes ses chances. Einstein, Rodin n'étaient-ils pas dyslexique ?

L'apprentissage de la lecture par la méthode syllabique sera pour lui un bienfait, car l'encodage des mots sera simplifié. Le dyslexique peut se révéler bon à l'oral et une évaluation orale correcte sera plus apaisante qu'une évaluation écrite catastrophique. Si l'écriture est une torture pour lui, n'hésitons pas à recourir à la photocopie où l'essentiel sera surligné. Les parents à la maison pourront d'autant mieux aider leur enfant que la trace écrite sera parfaitement lisible et exempte de fautes et d'approximations. L'élève dys devra être le plus proche du tableau et du professeur pour que celui-ci vérifie à tout instant où il en est et le remotive si besoin. Oraliser les énoncés des évaluations est indispensable, cela lui permettra de gagner du temps sur le déchiffrage et d'entrer plus rapidement dans la tâche à accomplir. Reformuler a aussi ses vertus. Reformuler ne signifie pas répéter à différents niveaux de décibels, il faut vraiment reformuler les mots qui peuvent constituer un obstacle à la compréhension.

Si cela ne suffit pas, un aménagement est nécessaire : un tiers-temps supplémentaire pourra parfois suffire. En tout cas, une rencontre avec l'orthophoniste qui le suit peut également clarifier les choses et faire prendre conscience à toute l'équipe des difficultés du jeune. Car il s'agit de contourner l'altération des connexions neurologiques dans l'hémisphère gauche dès la période fœtale. On ne nous demandera surtout pas de guérir ce problème constitutionnel.

L'enfant dys sera beaucoup plus sensible à la sensorialité : pour solliciter son attention, le regard est important, une petite tape sur la main le remet dans le sillage des autres. Du fait qu'il est hyper-sensible, le travail de mémorisation passe parfois par une charge affective non négligeable. Il est utile de favoriser un environnement sonore et visuel favorable, de faire des pauses, de relâcher l'attention pour un repos du cerveau avant de commencer une nouvelle tâche, sinon il peut zapper un message important sans s'en apercevoir, ce qui serait préjudiciable pour la suite.

Dans les petites classes, la rééducation du dys est plus efficace car il a alors une motivation sans faille. Elle a malheureusement tendance à décliner avec le temps. Il a du mal à mémoriser car il ne sait pas analyser la cible, par manque d'attention, de concentration et d'organisation. Il lui est problématique d'organiser et d'associer différentes informations. Il aura du mal à créer des images mentales, il conviendra donc de lui apprendre à en créer pour repérer, associer, répéter. Plus que tout autre élève, le dys a besoin de répétition et d'entraînement. Le « *par cœur* » est incontournable pour acquérir des automatismes qui s'inscriront durablement dans la mémoire. Cela offre à l'élève un cadre sécurisant, un climat de confiance et l'aide à lutter contre la « *peur de ne pas y arriver*. » Avec l'ensemble des élèves, et au service de tous, le professeur construira des aide-mémoire clairs avec l'essentiel à mémoriser, facilement repérable avec l'utilisation de couleurs.

Certains auront besoin de travailler sur un plan incliné pour soulager la perception visuelle et donc soutenir l'attention. Le va-et-vient du regard du tableau à la feuille sera plus commode. D'autres auront du mal à entendre correctement, à distinguer les sons, et donc à mémoriser. Le discours de l'enseignant doit être court, les phrases aussi. Proust n'est pas la tasse de thé de ces élèves. Les informations doivent être données par ordre d'importance, l'enseignant doit parler distinctement, en articulant et en communiquant de manière expressive pour mieux capter l'attention.

Les jeux vocaux sont au service de l'appareil phonatoire de l'élève dys. Un exercice qu'il peut faire est de se parler dans un miroir, de s'entraîner à parler dans un micro. Parler debout facilite la parole, la pratique du théâtre et de sa gestuelle favorise la parole et le travail d'écoute.

Dans certains cas, le dyslexique a un problème de motricité. Il se cogne, tombe de sa chaise, s'agite, se repère mal dans l'espace, utilise les choses à l'envers, confond les notions « *devant* » et

« *derrière* », « *en haut* » et « *en bas* », « *avant* » et « *après* », ne sait pas organiser les nombres, ne comprend pas la ponctuation, est très en difficulté en graphie et en géométrie. Ce sont des problèmes handicapants dans la vie à l'école, mais aussi et surtout au quotidien. Il n'est qu'à regarder un dyspraxique à la cantine. S'il parvient à tout prendre sur son plateau sans rien oublier, il va errer pendant quelques minutes pour trouver une place libre où il n'aura pas de voisin pour éviter de cumuler deux actions en même temps, se sustenter et communiquer. Vient ensuite le début du repas qui va durer un certain temps. En effet, l'élève va éprouver d'énormes difficultés à utiliser fourchette et couteau, n'hésitant pas à croiser les bras avec ces instruments dans les mains sans savoir comment s'en servir. Alors qu'il a déjà appris et qu'on lui a déjà montré à bien des reprises. Cela est un véritable handicap et la visualisation par les adultes incrédules entraîne une conviction à toute épreuve.

Dans une situation pédagogique ordinaire, le professeur s'abstiendra, après une tâche, de poser la question : « *Qui n'a pas compris ?* » ou « *Vous avez tous compris ?* » Le dys se renfermera à coup sûr. Mieux vaut inviter à recueillir des informations qui manquent : « *Qui a des questions à poser ?* »

Le comportement décalé du dys peut déprimer n'importe quel enseignant. L'élève est un hyper-sensible, toujours dans l'excès, soit trop sûr de lui, soit pas assez ou même complètement découragé. Il peut sourire quand on le fâche et sembler provoquer le professeur, ou passer du rire aux larmes. En revanche, il est impératif d'avertir la classe des difficultés rencontrées par tel ou tel élève pour l'amener à accepter sa différence et d'être aidé. Le rôle de l'école consiste à l'aider à aller au bout de ses possibilités, pour l'amener à être acteur de sa propre vie.

Si l'élève bénéficie d'un accompagnement humain par un auxiliaire de vie scolaire, certaines précautions sont à prendre afin que cette mission soit accomplie dans les meilleures conditions et dans l'intérêt du jeune :

L'Auxiliaire de vie scolaire ne peut pas tout faire. Ce n'est pas un enseignant supplémentaire, il est juste là pour accompagner, rappeler à l'ordre, susciter l'attention, remotiver. Il n'a pas l'obligation de maîtriser toutes les disciplines. Il peut aussi bien venir en aide à un élève apprenant le chinois sans connaître cette langue. L'auxiliaire de vie scolaire n'a pas vocation à faire montre de compétences médicales, encore moins à faire des diagnostics. On ne peut lui donner le rôle d'un éducateur, d'un psychologue ou d'une assistante sociale. Il n'est pas un pédagogue qui refait les cours, il suit strictement les consignes données par les enseignants. L'AVS écrit sous la dictée de l'élève dans des cas précis sans transformer ce que dicte l'élève. Le seul responsable dans la classe, c'est l'enseignant. L'AVS ne fait rien à la place de l'élève et régule les relations de l'enfant qu'il suit avec ses camarades si nécessaire, dans un but évident d'acceptation de la différence et de socialisation.

En revanche, l'auxiliaire de vie scolaire aide l'élève dans le développement de ses capacités de socialisation, d'autonomie et d'apprentissage en fonction de son histoire, de ses possibilités psychologiques, affectives et cognitives au sein du cadre scolaire. L'AVS rassure l'élève, lui explique lorsqu'il ne comprend pas, remet des exercices en forme sur la demande de l'enseignant, procure des photocopies si nécessaire, reformule les consignes et aide à la prise de notes. L'élève et l'AVS développent ensemble une complicité tournée vers l'apprentissage et la réussite. En aucun cas, l'élève ne peut se reposer sur son AVS pour l'ensemble des activités qui lui sont proposées. L'élève doit tendre vers l'autonomie et pouvoir se passer si nécessaire de son AVS de temps en temps, notamment lorsque l'AVS a des séances de formation, et ce à juste titre. C'est un bon moyen de vérifier les progrès du jeune.

Alors que l'enseignant est mobile et occupe l'espace, l'AVS reste assis à proximité de l'élève qu'il suit. L'enseignant est un médium par rapport aux apprentissages, alors que l'AVS accompagne seulement et ne joue pas de rôle purement pédagogique.

Ainsi, selon les difficultés de l'élève, des pistes existent pour accompagner l'élève et lui permettre d'accéder plus facilement aux connaissances :

Pour tout ce qui concerne les troubles spécifiques des apprentissages, on note des difficultés de lecture, de compréhension et de repérage, des difficultés d'écriture, des difficultés mnésiques, des difficultés attentionnelles, de la lenteur et de la fatigabilité. Pour tenter de remédier, on recourt à une présentation aérée des documents avec une police adaptée, on supprime l'implicite des consignes qu'on rend les plus simples possibles, on oralise les supports écrits, on contourne l'écrit chaque fois que c'est possible (enregistrement…), on veille à ce que l'élève parte avec une trace écrite fiable et on propose plusieurs entrées pour un même document (visuelle, auditive, kinesthésique…)

La dyslexie, la dysorthographie et la dyscalculie révèlent un déchiffrage difficile, une compréhension du texte perturbée, une lenteur, des difficultés à décoder les mots nouveaux ou rares. Le déchiffrage grapho-phonémique est coûteux, on constate des erreurs de copie, des ratures, des oublis de majuscules, des rajouts de mots, l'absence de ponctuation, une mauvaise segmentation des mots, des erreurs phonétiques (ch pour j), des erreurs de conjugaison, des difficultés en calcul au niveau du comptage, de la représentation des quantités et de l'arrangement spatial des calculs…

Les aides à disposition consistent à oraliser systématiquement les supports écrits, à utiliser des pictogrammes pour faciliter l'accès au sens et à la mémorisation (utilisation de couleurs), à ne pas pénaliser au-delà du raisonnable une orthographe défaillante, à minimiser la part d'écrit à produire, à s'assurer que l'élève dispose d'une trace écrite fiable, à autoriser la calculatrice, à représenter concrètement des nombres chaque fois que c'est possible.

La dyspraxie exprime un trouble du geste, voire un problème oculomoteur, une motricité globale défaillante au niveau de la préhension, du regard, de l'habillage, une lenteur associée à de la maladresse, une lecture et une écriture difficiles.

La remédiation préconisée passe par l'utilisation de l'outil informatique après des séances d'ergothérapie. Le cours est alors sous forme numérique, les supports doivent être oralisés, voire enregistrés sur MP3. L'utilisation de couleurs pour une meilleure mise en évidence des lignes, des mots, s'impose.

La dysphasie dénote une anomalie dans le développement du langage, une production orale indistincte ou délicate, une articulation difficile et un lexique pauvre.

Afin de conserver l'élève en confiance, il n'y a pas à s'acharner sur une articulation aléatoire. On peut accompagner l'élève en amorçant avec lui le mot ou le son attendu en montrant la forme que prend alors la bouche. Il conviendra d'associer du visuel à l'écrit et de s'appuyer sur l'écrit, grâce auquel l'élève progressera à l'oral.

Quand bien même ces pistes ne sont pas exhaustives, il y a fort à parier que deux élèves dys n'auront pas besoin du même étayage. Il convient d'abord de bien cerner l'élève afin d'adapter au mieux l'accompagnement dans ses apprentissages. Tout repose ainsi sur l'individualisation.

Après avoir exploré le monde des enfants dys, l'enseignant ne doit en aucune manière ressentir une quelconque culpabilité s'il n'a pas été assez attentif à ce genre de problèmes auparavant. L'enseignement prend depuis peu de temps en compte ces phénomènes. Autrefois, ces élèves constituaient le groupe des casse-pieds, des enfants retors, des cancres, pour lesquels l'enseignant ne voulait pas perdre de temps. De nos jours, c'est une nécessité vitale d'accompagner ces jeunes pour qu'ils puissent s'épanouir dans leur vie de citoyens. Le professeur ne sera pas jugé sur les résultats, car il est compliqué de traiter un problème à la limite de la médecine. On lui reprochera seulement de ne pas avoir mis en œuvre ce qu'il pouvait pour apporter une aide efficace au bien-être de l'élève.

Il y a également fort à parier que le calvaire de l'école pour ces jeunes gens ne se renouvellera pas à ce niveau d'urgence dans leur vie quotidienne d'adultes. Ils bénéficieront alors d'aide qu'ils finiront par accepter volontiers. On peut leur faire confiance, ils sauront se sortir de l'ornière.

Bibliographie / Webographie

Éditions Inserm, février 2007, téléchargeable gratuitement :

http://www.inserm.fr (expertises collectives)

Éditions Elsever – Masson, *Coordonner les actions thérapeuthiques et scolaires*, Dr Michèle Mazeau et Claire Loster.

Éditions Tom pousse, *100 idées pour venir en aide aux élèves dyslexiques*, Gavin Reid et Shannon Green.

Éditions du Rouergue, *J'ai attrapé la dyslexie*, Zazie Zazonoff.

http://sites17.ac-poitiers.fr/ASH/

http://www.apedys

http://sites.google.com/site/dralainpouhet

http://www.cartablefantastique.fr/manon/

www.ingramcontent.com/pod-product-compliance
Lightning Source LLC
Chambersburg PA
CBHW070420190526
45169CB00003B/1347
* 9 7 8 1 5 3 7 2 5 4 5 5 5 *